I0814092

Alan Walker
Traducción de Sophia Barba-Heredia

Un libro de El Semillero de Crabtree

Crabtree Publishing
crabtreebooks.com

ÍNDICE

¿INSECTO, BICHO O LOS DOS?

Los científicos dividen a los seres vivientes en seis grupos llamados *reinos*.

Los seis reinos:

Arqueobacteria

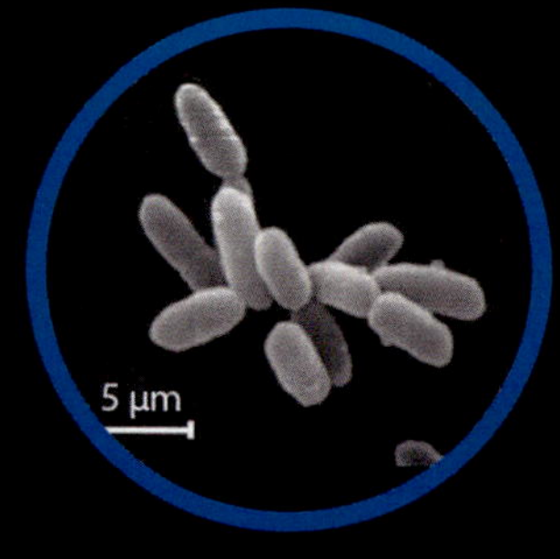

Eubacteria

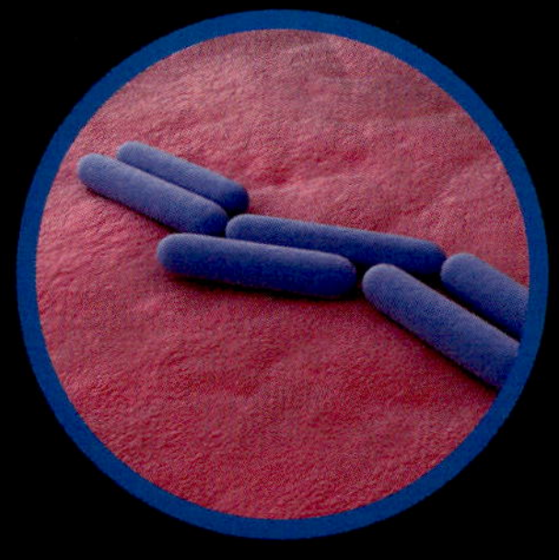

Protista

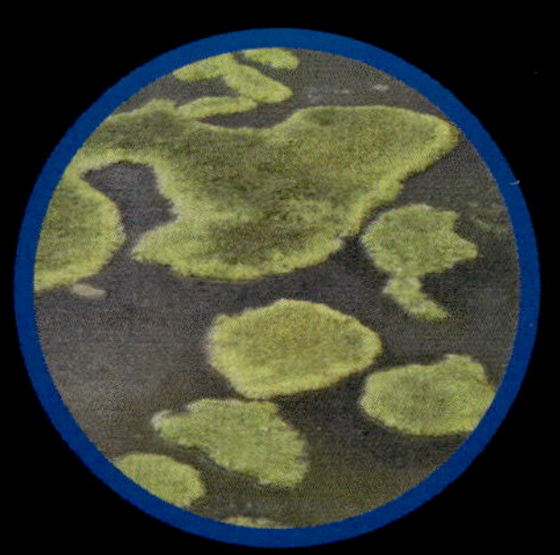

Hongos

Plantas

Animales

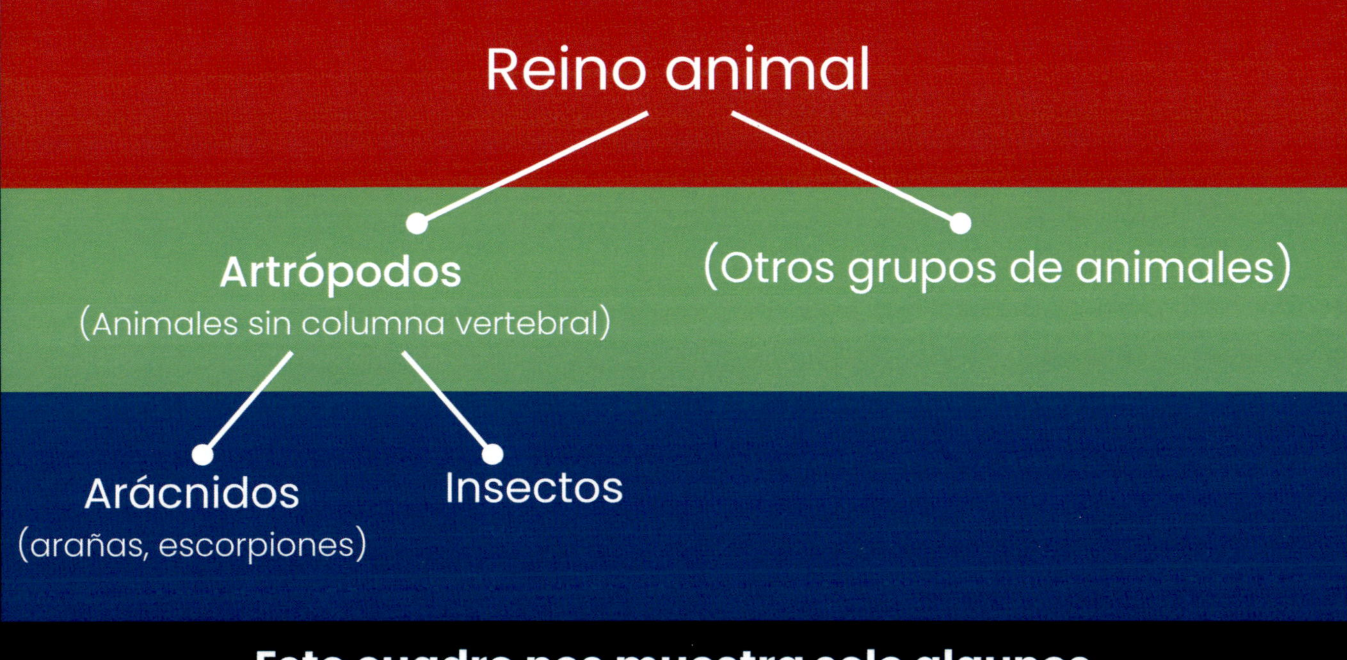

Este cuadro nos muestra solo algunos de los grupos del reino animal.

Los insectos están agrupados juntos porque tienen seis patas, una cubierta externa más dura y dos antenas.

¿ESPELUZNANTE O GENIAL?

Hace aproximadamente 300 millones de años existieron unos insectos parecidos a las libélulas, ¡y se calcula que medían casi 3 pies (1 metro)!

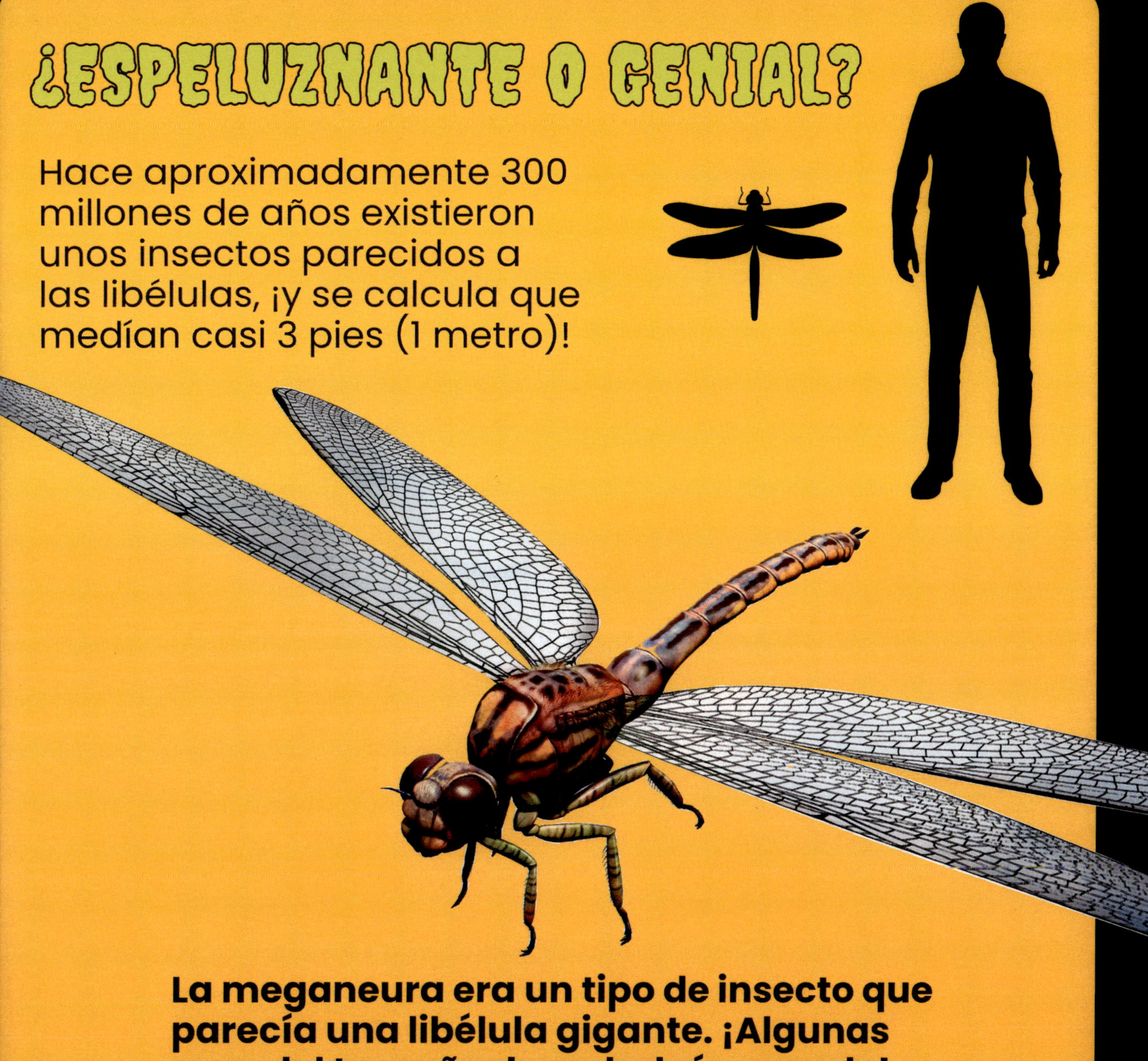

La meganeura era un tipo de insecto que parecía una libélula gigante. ¡Algunas eran del tamaño de un halcón grande!

Bicho es una palabra que las personas usan para referirse a los insectos. Pero los científicos dicen que solo algunos insectos pueden ser llamados bichos. La diferencia está en las partes de la boca...

¿ESPELUZNANTE O GENIAL?

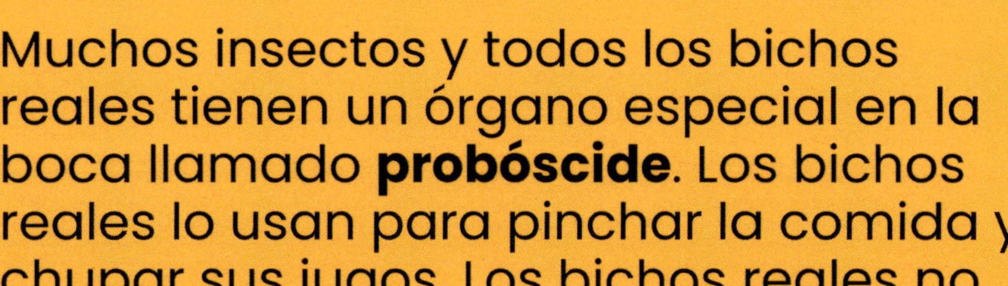
Muchos insectos y todos los bichos reales tienen un órgano especial en la boca llamado **probóscide**. Los bichos reales lo usan para pinchar la comida y chupar sus jugos. Los bichos reales no pueden enrollar sus probóscides, pero otros insectos sí lo pueden hacer.

Una mariposa puede enrollar su probóscide.

Un bicho real no puede enrollar su probóscide.

BICHOS ASESINOS

Existen muchos tipos de bichos asesinos. Todos son **depredadores** que se alimentan de otros insectos, arañas, milpiés ¡y a veces humanos!

Los bichos asesinos son talentosos cazadores.

¿ESPELUZNANTE O GENIAL?

El insecto cazador enmascarado se cubre en polvo o pelusa. Este **camuflaje** le ayuda a esconderse de otros depredadores o **presas**.

¡La saliva de la chinche asesina **paraliza** a su presa y convierte sus entrañas en una sopa aguada! ¡Las entrañas aguadas son más fáciles de sorber!

Una chinche asesina usa su probóscide para inyectar saliva paralizante.

¡Las chinches muerden a animales y a personas y les chupan la sangre!

¿ESPELUZNANTE O GENIAL?

Las llamamos besuconas porque muerden las caras de sus víctimas alrededor de la boca y los ojos.

¡BICHOS QUE HUELEN REALMENTE MAL!

chinche hedionda marrón marmoleada

Cuando se sienten amenazadas, las chinches hediondas desprenden un apestoso olor para defenderse.

¿ESPELUZNANTE O GENIAL?

Las chinches hediondas tienen partes especiales en la parte inferior de su tórax. Esas partes producen un mal olor que ahuyenta a los depredadores.

Además de usar el mal olor, algunas chinches hediondas tienen otras formas de defenderse.

¡La chinche hedionda verde usa el camuflaje para esconderse en una hoja!

¡Los colores brillantes de la chinche arlequín advierten a los depredadores de que se mantengan alejados!

¿ESPELUZNANTE O GENIAL?

El insecto cabeza de cacahuate tiene ojos grandes y falsos en sus alas posteriores para ahuyentar a los depredadores.

PATINADORES, NADADORES Y GIGANTES

Muchos bichos reales viven en estanques, ríos y arroyos. Estos bichos se desplazan de diferentes maneras.

Los patinadores, también llamados zapateros, tienen pelos en las patas que les permiten pararse o patinar a través de la superficie del agua.

¿ESPELUZNANTE O GENIAL?

A diferencia de los escorpiones reales, un escorpión de agua usa su cola como snorkel, no como arma.

Los escorpiones de agua usan sus patas traseras como remos para moverse a través del agua.

Las chinches acuáticas gigantes pueden medir hasta 6 pulgadas (15 centímetros) de largo. Se alimentan de insectos, peces, ranas y **crustáceos**.

En algunos países, las personas comen chinches acuáticas gigantes.

GLOSARIO

camuflaje: Colores o patrones que ayudan a que los animales se confundan con su entorno.

crustáceos: Creaturas del mar que tienen exoesqueletos, como los cangrejos, las langostas y los camarones.

depredadores: Animales que cazan y comen a otros animales.

paraliza: Que hace que algo o alguien sea incapaz de moverse.

presas: Animales que son cazados y comidos por otros animales.

probóscide: La parte de la boca semejante a un tubo que los insectos usan para alimentarse.

ÍNDICE ANALÍTICO

Apoyos de la escuela a los hogares para cuidadores y maestros

Este libro ayuda a los niños en su desarrollo al permitirles practicar la lectura. Abajo están algunas preguntas guía para ayudar al lector a fortalecer sus habilidades de comprensión. En rojo hay algunas opciones de respuesta.

Antes de leer:

- **¿De qué pienso que tratará este libro?** *Pienso que este libro es sobre bichos espeluznantes. Pienso que este libro es sobre los mecanismos de defensa de los bichos.*
- **¿Qué quiero aprender sobre este tema?** *Quiero aprender más sobre por qué algunos bichos pican a la gente. Quiero aprender las diferentes categorías de bichos.*

Durante la lectura:

- **Me pregunto por qué...** *Me pregunto por qué algunas personas llaman a los insectos bichos. Me pregunto por qué algunos bichos se alimentan de otros bichos.*
- **¿Qué he aprendido hasta ahora?** *Aprendí que algunos bichos se cubren en polvo o pelusas que les ayudan a esconderse de depredadores. Aprendí que la saliva de algunos bichos paraliza a su presa.*

Después de leer:

- **¿Qué detalles aprendí de este tema?** *Aprendí que algunos bichos muerden a animales y a personas y les chupan la sangre. Aprendí que las chinches hediondas desprenden un olor apestoso para defenderse de los depredadores.*
- **Lee el libro de nuevo y busca las palabras del glosario.** *Veo la palabra **probóscide** en la página 8 y la palabra **camuflaje** en la página 11. Las demás palabras del vocabulario están en la página 23.*

Crabtree Publishing

crabtreebooks.com 800-387-7650

Print book version produced jointly with Blue Door Education in 2022

Written by Alan Walker
Translation to Spanish: Sophia Barba-Heredia
Edition in Spanish: Base Tres

Hardcover	978-1-0396-1856-5
Paperback	978-1-0396-1868-8
Ebook (pdf)	978-1-0396-1880-0
Epub	978-1-0396-1892-3
Read-along	978-1-0396-1904-3
Audio book	978-1-0396-1916-6

Library and Archives Canada Cataloguing in Publication
Title: Insectos enormes y espeluznantes pero geniales / Alan Walker ; traducción de Sophia Barba-Heredia.
Other titles: Beastly bugs. Spanish
Names: Walker, Alan, 1963- author. | Barba-Heredia, Sophia, translator.
Description: Translation of: Beastly bugs. | Includes index. | "Un libro de el semillero de Crabtree". | Text in Spanish.
Identifiers: Canadiana (print) 20210257377 | Canadiana (ebook) 20210257385 | ISBN 9781039618565 (hardcover) | ISBN 9781039618688 (softcover) | ISBN 9781039618800 (HTML) | ISBN 9781039618923 (EPUB) | ISBN 9781039619043 (read-along ebook)
Subjects: LCSH: Insects—Juvenile literature. | LCSH: Predatory insects—Juvenile literature.
Classification: LCC QL467.2 .W3518 2022 | DDC j595.7—dc23

Published in Canada
Crabtree Publishing
616 Welland Avenue
St. Catharines, Ontario
L2M 5V6

Published in the United States
Crabtree Publishing
347 Fifth Avenue
Suite 1402-145
New York, NY 10016

Photo credits: Cover photo ©shutterstock.com/Jirasak Chuangsen, Page 5 large beetle ©shutterstock.com/Krissanakorn Phadungkarn, other images Sebastian Kaulitzki, dominique landau, Nicky Rhodes, Light & Magic Photography, worldswildlifewonders, Page 6 ©shutterstock.com/Kirsanov Valeriy Vladimirovich, Page 7 meganeura ©shutterstock.com/ Warpaint, dragonfly silhouette ©shutterstock.com/Algonga, human silhouette © Michal Sanca, Page 9 wheel bug ©shutterstock.com/Gerry Bishop, butterfly ©shutterstock.com/Olga Bogatyrenko, Pages 10-11 ©shutterstock.com/RAMLAN BIN ABDUL JALIL, Page 11 inset photo ©shutterstock.com/D. Kucharski K. Kucharska, Page 12-13 ©shutterstock.com/Michael G McKinne, Pages 14-15 ©shutterstock.com/schlyx, Pages 16-17 ©shutterstock.com/Marco Uliana, Page 18 ©shutterstock.com/Alonso Aguilar, Page 19 ©shutterstock.com/Peter Yeeles, inset photo ©shutterstock.com/COULANGES, Page 20 ©shutterstock.com/mjf99, Page 21 ©shutterstock.com/ Kirsanov Valeriy Vladimirovich, Page 22 © AndrewASkolnick, page 22 ©shutterstock.com/Pheobus, inset photo ©shutterstock.com/nicemyphoto; archaebacteria page 4, courtesy of NASA

Printed in Canada/022024/CP20240215

Library of Congress Cataloging-in-Publication Data
Names: Walker, Alan, 1963- author. | Barba-Heredia, Sophia, translator.
Title: Insectos enormes y espeluznantes pero geniales / Alan Walker ; traducción de Sophia Barba-Heredia.
Other titles: Beastly bugs. Spanish
Description: New York, NY : Crabtree Publishing Company, 2022. | Series: Espeluznantes pero geniales - un libro el semillero de Crabtree | Includes index.
Identifiers: LCCN 2021031741 (print) | LCCN 2021031742 (ebook) | ISBN 9781039618565 (hardcover) | ISBN 9781039618688 (paperback) | ISBN 9781039618800 (ebook) | ISBN 9781039618923 (epub) | ISBN 9781039619043
Subjects: LCSH: Insects--Juvenile literature.
Classification: LCC QL467.2 .W33818 2022 (print) | LCC QL467.2 (ebook) | DDC 595.7--dc23
LC record available at https://lccn.loc.gov/2021031741
LC ebook record available at https://lccn.loc.gov/2021031742